MW00747885

L'Europe en un clin d'œil
est édité par PYRAMYD NTCV

www.pyramyd-editions.com

Copyright © 2012, SHS Publishing
Texte français © PYRAMYD NTCV, 2012

Conception et design graphique : Julia Sturm
Sauf mention contraire, les dessins et illustrations
ont été réalisés par Julia Sturm.

Édition française : Céline Remechido, Marie-Anaya Mahdadi
Traduction : Véronique Valentin
Correction : Marine Perrier
Conception graphique du livre : Julia Sturm
Conception graphique de la couverture : Monika Jakopetrevska

ISBN : 978-2-35017-284-2
Dépôt légal : 2nd semestre 2012
Imprimé en Chine

L'EUROPE EN UN CLIN D'ŒIL

NOUVEL ATLAS GÉO-GRAPHIQUE

Julia Sturm

« IL EST BON DE SAVOIR QUELQUE CHOSE DES MŒURS DE DIVERS PEUPLES, AFIN DE JUGER DES NÔTRES PLUS SAINEMENT, ET QUE NOUS NE PENSIONS PAS QUE TOUT CE QUI EST CONTRE NOS MODES SOIT RIDICULE, ET CONTRE RAISON [...]. »

DESCARTES, *LE DISCOURS DE LA MÉTHODE*

COMMENT ÉVALUE-T-ON UNE CULTURE ?

Les données brutes sont déroutantes en elles-mêmes ; elles ne signifient rien, elles sont effrayantes et trompeuses. Les atlas s'inscrivent dans notre volonté de ranger le monde dans des catégories et de le définir par des généralités. L'intelligence humaine ne cesse de rationaliser l'immense continuum de son environnement au moyen de classements, de tableaux et de frises chronologiques.

Au regard de cette réflexion, ce livre propose un concept audacieux : il s'agit de dégager un modèle culturel pour chaque pays de l'Union européenne sur la base des particularités de ses statistiques, de l'arbitraire des échantillons et de la persistance des stéréotypes. Cette approche rigoureuse traite sur le même plan les éléments supposés familiers, les faits évidents et les données manifestement surprenantes. Ce livre a été conçu comme une quête des réalités cachées et des subtilités, telle une invitation à survoler l'Europe, tout en prêtant attention aux détails, même les plus insignifiants.

L'Europe en un clin d'œil fourmille d'informations sérieuses et de curiosités plus fantaisistes. On pourrait le qualifier

d'atlas incomplet, tout comme l'étaient les premiers ouvrages géographiques publiés au siècle des Lumières.

L'Europe en un clin d'œil brosse le portrait de nos identités nationales, sous leurs aspects géographiques, économiques, culturels et politiques, et le présente d'une manière ludique, informative et immédiate.

Le lecteur est invité à réfléchir et à confronter son expérience personnelle aux statistiques : Est-ce que je chante sous la douche ? À quel âge suis-je parti(e) de chez mes parents ? Que dirais-je si je devais évoquer un pays étranger en quelques mots ?

Dans un monde où les frontières sont de moins en moins significatives et où les cultures se mêlent de plus en plus, *L'Europe en un clin d'œil* propose enfin une version revisitée des atlas traditionnels, dans le but de rafraîchir notre conception des pays européens, mais aussi de nous-mêmes.

SOURCES EXTERNES

ENQUÊTE PERSONNELLE

001
PAYS

FORME

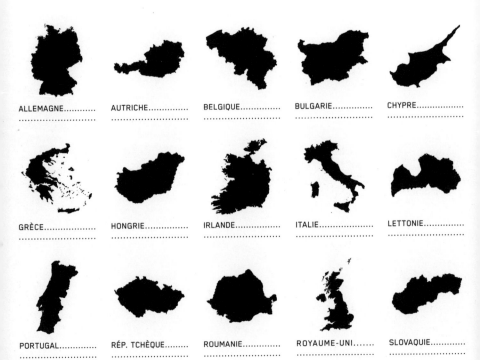

ALLEMAGNE...........

AUTRICHE..............

BELGIQUE...............

BULGARIE..............

CHYPRE.................

GRÈCE...............

HONGRIE...............

IRLANDE...............

ITALIE...................

LETTONIE..............

PORTUGAL..............

RÉP. TCHÈQUE.........

ROUMANIE..............

ROYAUME-UNI.......

SLOVAQUIE............

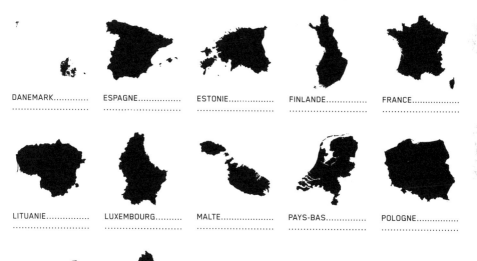

DANEMARK............

ESPAGNE...............

ESTONIE...............

FINLANDE...............

FRANCE................

LITUANIE...............

LUXEMBOURG..........

MALTE...................

PAYS-BAS...............

POLOGNE...............

SLOVÉNIE...............

SUÈDE..................

SUPERFICIE TOTALE

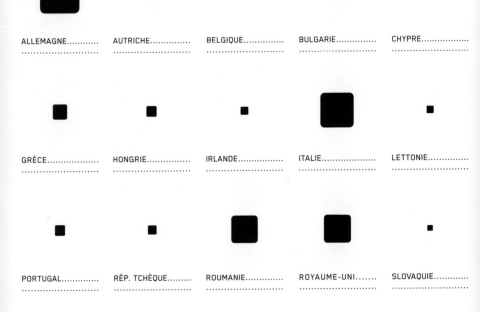

ALLEMAGNE............ AUTRICHE.............. BELGIQUE............... BULGARIE............... CHYPRE..................

GRÈCE................... HONGRIE................ IRLANDE................ ITALIE.................... LETTONIE..............

PORTUGAL.............. RÉP. TCHÈQUE......... ROUMANIE.............. ROYAUME-UNI....... SLOVAQUIE.............

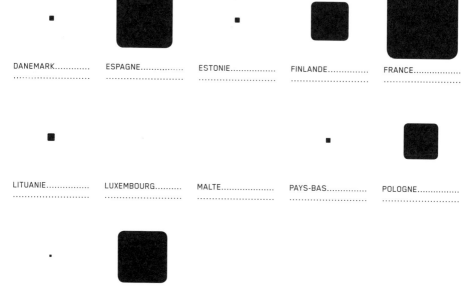

DANEMARK.............

ESPAGNE................

ESTONIE.................

FINLANDE...............

FRANCE..................

LITUANIE.................

LUXEMBOURG..........

MALTE....................

PAYS-BAS................

POLOGNE................

SLOVÉNIE...............

SUÈDE..................

TEMPÉRATURE EN JUILLET

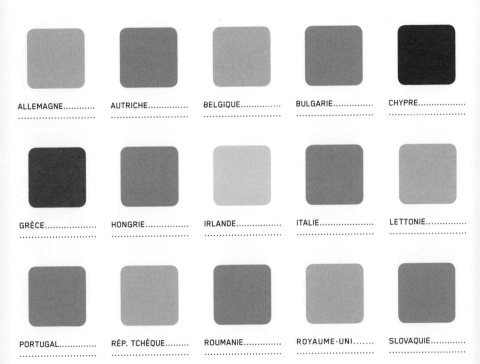

ALLEMAGNE............

AUTRICHE...............

BELGIQUE...............

BULGARIE...............

CHYPRE..................

GRÈCE...................

HONGRIE................

IRLANDE.................

ITALIE....................

LETTONIE...............

PORTUGAL..............

RÉP. TCHÈQUE.........

ROUMANIE..............

ROYAUME-UNI.......

SLOVAQUIE.............

15 °C – 19 °C   20 °C – 24 °C   25 °C – 29 °C   30 °C – 34 °C   35 °C – 39 °C

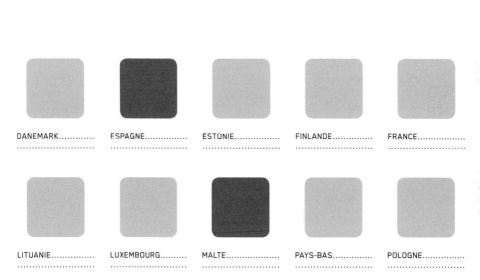

DANEMARK............   ESPAGNE...............   ESTONIE...............   FINLANDE..............   FRANCE.................
....

LITUANIE...............   LUXEMBOURG..........   MALTE....................   PAYS-BAS...............   POLOGNE...............
....

SLOVÉNIE...............   SUÈDE.................
....

TEMPÉRATURE MAXIMALE MOYENNE EN JOURNÉE EN JANVIER
DANS LA CAPITALE
SOURCE : WORLD METEOROLOGICAL ORGANIZATION

TEMPÉRATURE
EN JANVIER

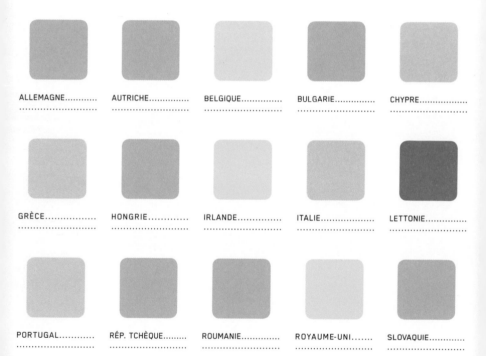

ALLEMAGNE............

AUTRICHE..............

BELGIQUE..............

BULGARIE..............

CHYPRE.................

GRÈCE................

HONGRIE............

IRLANDE..............

ITALIE..................

LETTONIE..............

PORTUGAL............

RÉP. TCHÈQUE.........

ROUMANIE..............

ROYAUME-UNI.......

SLOVAQUIE.............

-5 °C – -1 °C 0 °C – 4 °C 5 °C – 9 °C 10 °C – 15 °C

DANEMARK............
....

ESPAGNE...............
....

ESTONIE...............
....

FINLANDE...............
....

FRANCE...............
....

LITUANIE...............
....

LUXEMBOURG........
....

MALTE.................
....

PAYS-BAS...............
....

POLOGNE...............
....

SLOVÉNIE............
....

SUÈDE.................
....

La Finlande compte plus de lacs et d'îles que tout autre pays du monde. On y dénombre 187 888 lacs et 179 584 îles.

FORÊTS

ALLEMAGNE............

AUTRICHE..............

BELGIQUE..............

BULGARIE...............

CHYPRE.................

GRÈCE.................

HONGRIE............

IRLANDE..............

ITALIE...................

LETTONIE..............

PORTUGAL............

RÉP. TCHÈQUE.........

ROUMANIE..............

ROYAUME-UNI.......

SLOVAQUIE.............

▲▲▲▲▲▲▲▲▲▲
▲▲▲▲

DANEMARK............
....

▲▲▲▲▲▲▲▲▲▲
▲▲▲▲▲▲▲▲▲▲
▲▲▲▲▲▲▲▲▲▲
▲▲▲▲▲▲▲▲▲▲
▲▲▲▲▲

ESPAGNE...............
....

▲▲▲▲▲▲▲▲▲▲
▲▲▲▲▲▲▲▲▲▲
▲▲▲▲▲▲▲▲▲▲
▲▲▲▲▲▲▲▲▲▲
▲▲▲▲

ESTONIE...............
....

▲▲▲▲▲▲▲▲▲▲
▲▲▲▲▲▲▲▲▲▲
▲▲▲▲▲▲▲▲▲▲
▲▲▲▲▲▲▲▲▲▲
▲▲▲▲▲▲▲▲▲▲
▲▲▲▲▲▲▲▲▲▲
▲▲▲▲▲▲▲

FINLANDE...............
....

▲▲▲▲▲▲▲▲▲▲
▲▲▲▲▲▲▲▲▲▲
▲▲▲▲▲▲▲▲▲

FRANCE................
....

▲▲▲▲▲▲▲▲▲▲
▲▲▲▲▲▲▲▲▲▲
▲▲▲▲▲▲▲▲▲▲
▲▲▲▲▲▲

LITUANIE...............
....

▲▲▲▲▲▲▲▲▲▲
▲▲▲▲▲▲▲▲▲▲
▲▲▲▲

LUXEMBOURG........
....

▲

MALTE.................
....

▲▲▲▲▲▲▲▲▲▲
▲

PAYS-BAS...............
....

▲▲▲▲▲▲▲▲▲▲
▲▲▲▲▲▲▲▲▲▲
▲▲▲▲▲▲▲▲▲▲

POLOGNE...............
....

▲▲▲▲▲▲▲▲▲▲
▲▲▲▲▲▲▲▲▲▲
▲▲▲▲▲▲▲▲▲▲
▲▲▲▲▲▲▲▲▲▲
▲▲▲

SLOVÉNIE............
....

▲▲▲▲▲▲▲▲▲▲
▲▲▲▲▲▲▲▲▲▲
▲▲▲▲▲▲▲▲▲▲
▲▲▲▲▲▲▲▲▲▲
▲▲▲▲▲▲

SUÈDE.................
....

LLANFA
LGWYN
OGERY
NDROB
ANTYS
GOGOC

AIRPWL
GYLLG
CHWYR
WLLLL
LIOGO
H

Avec 58 lettres, la ville galloise de Llanfairpwllgwyn-
gyllgogerychwyrndrobwllllantysiliogogogoch possède
le plus long nom d'Europe.

SUPERFICIE DES EAUX INTÉRIEURES

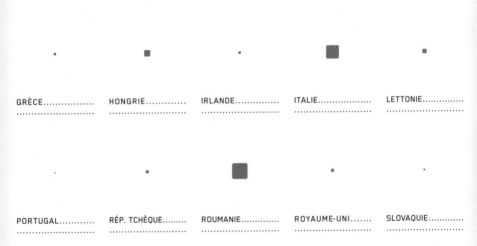

ALLEMAGNE............ AUTRICHE............... BELGIQUE............... BULGARIE............... CHYPRE.................
....

GRÈCE................. HONGRIE............. IRLANDE............... ITALIE................... LETTONIE..............
....

PORTUGAL............ RÉP. TCHÈQUE......... ROUMANIE............... ROYAUME-UNI....... SLOVAQUIE.............
....

DANEMARK............. ESPAGNE................ ESTONIE............... FINLANDE............... FRANCE................
....

LITUANIE................ LUXEMBOURG........ MALTE................. PAYS-BAS............... POLOGNE...............
....

SLOVÉNIE............. SUÈDE.................
....

POINT CULMINANT

ALLEMAGNE............

AUTRICHE..............

BELGIQUE...............

BULGARIE..............

CHYPRE.................

GRÈCE................

HONGRIE.............

IRLANDE...............

ITALIE...................

LETTONIE..............

PORTUGAL............

RÉP. TCHÈQUE.........

ROUMANIE..............

ROYAUME-UNI........

SLOVAQUIE.............

DANEMARK.............

ESPAGNE...............

ESTONIE..............

FINLANDE..............

FRANCE...............

LITUANIE...............

LUXEMBOURG........

MALTE.................

PAYS-BAS...............

POLOGNE...............

SLOVÉNIE.............

SUÈDE.................

RECYCLAGE

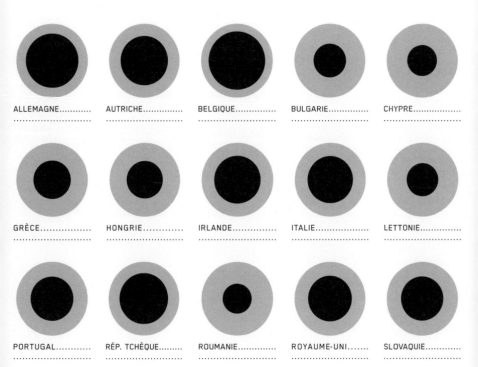

ALLEMAGNE............

AUTRICHE..............

BELGIQUE..............

BULGARIE..............

CHYPRE................

GRÈCE................

HONGRIE............

IRLANDE..............

ITALIE...................

LETTONIE............

PORTUGAL............

RÉP. TCHÈQUE.........

ROUMANIE..............

ROYAUME-UNI.......

SLOVAQUIE.............

● QUANTITÉ TOTALE DE DÉCHETS
  D'EMBALLAGE
● QUANTITÉ TOTALE DE DÉCHETS
  D'EMBALLAGE RECYCLÉS

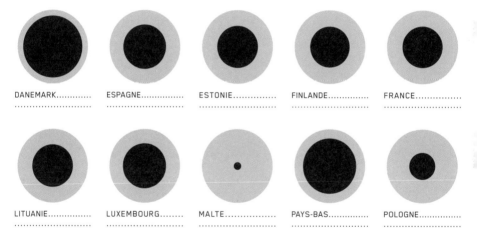

DANEMARK............
....

ESPAGNE...............
....

ESTONIE...............
....

FINLANDE...............
....

FRANCE...............
....

LITUANIE...............
....

LUXEMBOURG........
....

MALTE.................
....

PAYS-BAS...............
....

POLOGNE...............
....

SLOVÉNIE.............
....

SUÈDE..................
....

002
POLITIQUE ET GOUVERNE-MENT

CODES DES PAYS

DE
ALLEMAGNE............

AT
AUTRICHE...............

BE
BELGIQUE...............

BG
BULGARIE...............

CY
CHYPRE................

EL
GRÈCE................

HU
HONGRIE.............

IE
IRLANDE...............

IT
ITALIE...................

LV
LETTONIE.............

PT
PORTUGAL............

CZ
RÉP. TCHÈQUE.........

RO
ROUMANIE..............

UK
ROYAUME-UNI.......

SK
SLOVAQUIE.............

DK
DANEMARK.............
....

ES
ESPAGNE...............
....

EE
ESTONIE..............
....

FI
FINLANDE..............
....

FR
FRANCE...............
....

LT
LITUANIE...............
....

LU
LUXEMBOURG........
....

MT
MALTE.................
....

NL
PAYS-BAS...............
....

PL
POLOGNE...............
....

SI
SLOVÉNIE.............
....

SE
SUÈDE..................
....

GOUVERNEMENT

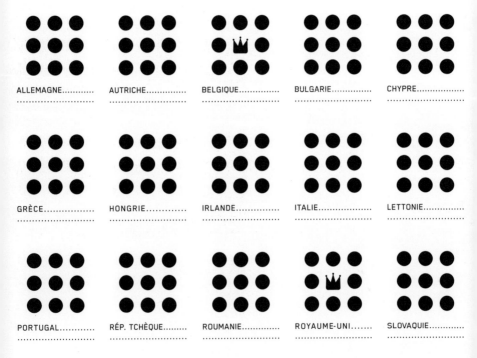

ALLEMAGNE............

AUTRICHE..............

BELGIQUE...............

BULGARIE..............

CHYPRE..................

GRÈCE.................

HONGRIE.............

IRLANDE...............

ITALIE..................

LETTONIE..............

PORTUGAL............

RÉP. TCHÈQUE.........

ROUMANIE..............

ROYAUME-UNI.......

SLOVAQUIE.............

 RÉPUBLIQUE/
DÉMOCRATIE
PARLEMENTAIRE

 MONARCHIE
CONSTITUTIONNELLE

 MONARCHIE
PARLEMENTAIRE

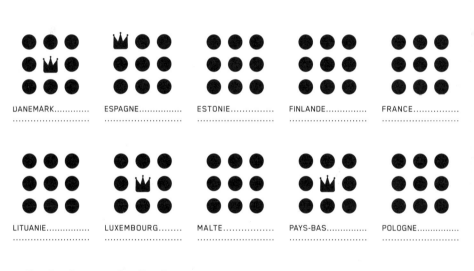

DANEMARK.............

ESPAGNE...............

ESTONIE..............

FINLANDE...............

FRANCE...............

LITUANIE...............

LUXEMBOURG........

MALTE.................

PAYS-BAS...............

POLOGNE...............

SLOVÉNIE.............

SUÈDE..................

La reine Elizabeth II est le chef d'État de 16 territoires autonomes. Elle est ainsi la reine de 128 millions de personnes.

DRAPEAU NATIONAL

ALLEMAGNE............

AUTRICHE...............

BELGIQUE...............

BULGARIE...............

CHYPRE..................

GRÈCE.................

HONGRIE............

IRLANDE...............

ITALIE...................

LETTONIE..............

PORTUGAL............

RÉP. TCHÈQUE.........

ROUMANIE.............

ROYAUME-UNI........

SLOVAQUIE.............

 DANEMARK............

 ESPAGNE...............

 ESTONIE..............

 FINLANDE...............

 FRANCE...............

 LITUANIE...............

 LUXEMBOURG........

 MALTE.................

 PAYS-BAS...............

 POLOGNE...............

 SLOVÉNIE.............

 SUÈDE.................

FÊTE NATIONALE

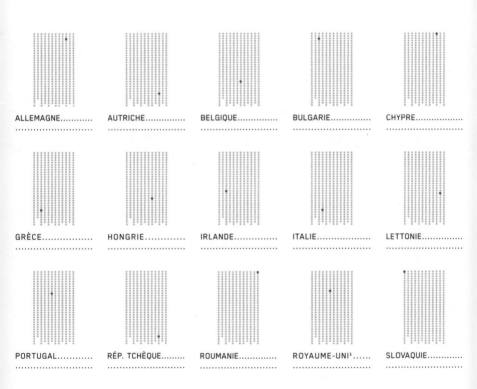

ALLEMAGNE............   AUTRICHE.............   BELGIQUE..............   BULGARIE.............   CHYPRE................

GRÈCE...............   HONGRIE............   IRLANDE..............   ITALIE.................   LETTONIE.............

PORTUGAL...........   RÉP. TCHÈQUE.........   ROUMANIE.............   ROYAUME-UNI[1]......   SLOVAQUIE............

DANEMARK............

ESPAGNE...............

ESTONIE..............

FINLANDE..............

FRANCE...............

LITUANIE...............

LUXEMBOURG........

MALTE.................

PAYS-BAS...............

POLOGNE...............

SLOVÉNIE.............

SUÈDE.................

[1]Fête nationale du Royaume-Uni : deuxième samedi de juin.

HYMNE NATIONAL

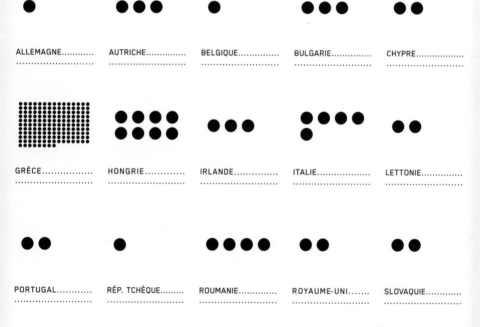

ALLEMAGNE............

AUTRICHE...............

BELGIQUE...............

BULGARIE...............

CHYPRE..................

GRÈCE...............

HONGRIE.............

IRLANDE...............

ITALIE..................

LETTONIE...............

PORTUGAL............

RÉP. TCHÈQUE.........

ROUMANIE..............

ROYAUME-UNI.......

SLOVAQUIE.............

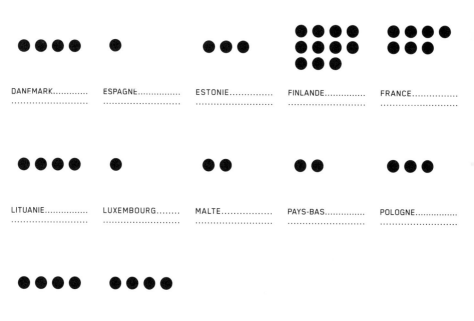

DANEMARK..............
....

ESPAGNE...............
....

ESTONIE...............
....

FINLANDE...............
....

FRANCE...............
....

LITUANIE...............
....

LUXEMBOURG........
....

MALTE.................
....

PAYS-BAS...............
....

POLOGNE...............
....

SLOVÉNIE.............
....

SUÈDE..................
....

Avec 158 couplets, l'hymne national grec est le plus long du monde.

039
CHANTEZ-VOUS VOTRE HYMNE NATIONAL LORSQUE VOUS L'ENTENDEZ ?

SOURCE : ENQUÊTE PERSONNELLE

CHANTER L'HYMNE NATIONAL

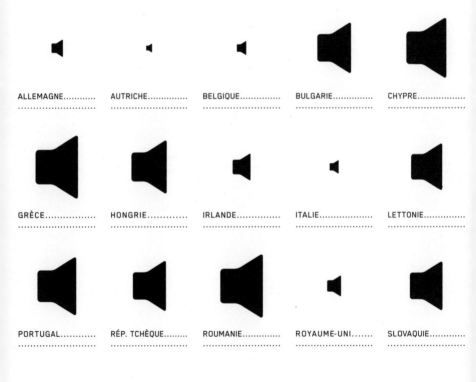

ALLEMAGNE...........

AUTRICHE...............

BELGIQUE...............

BULGARIE...............

CHYPRE.................

GRÈCE.................

HONGRIE.............

IRLANDE.............

ITALIE..................

LETTONIE.............

PORTUGAL............

RÉP. TCHÈQUE.........

ROUMANIE..............

ROYAUME-UNI.......

SLOVAQUIE.............

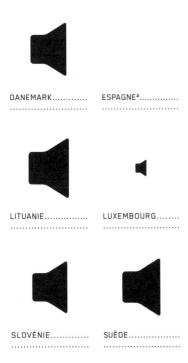

DANEMARK............. ESPAGNE²............... ESTONIE.............. FINLANDE.............. FRANCE...............
....

LITUANIE............... LUXEMBOURG........ MALTE................. PAYS-BAS............... POLOGNE...............
....

SLOVÉNIE............. SUÈDE.................
....

²L'hymne national espagnol ne comporte pas de paroles.

003
ÉCONOMIE

PIB

ALLEMAGNE............
....

AUTRICHE...............
....

BELGIQUE...............
....

BULGARIE...............
....

CHYPRE.................
....

GRÈCE.................
....

HONGRIE.............
....

IRLANDE...............
....

ITALIE..................
....

LETTONIE.............
....

PORTUGAL............
....

RÉP. TCHÈQUE.........
....

ROUMANIE..............
....

ROYAUME-UNI.......
....

SLOVAQUIE.............
....

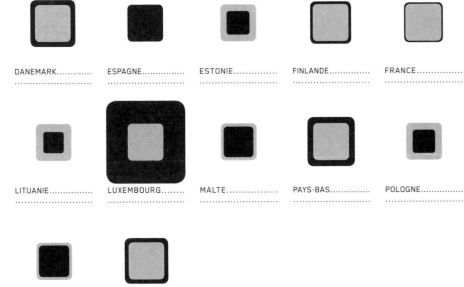

DANEMARK............

ESPAGNE...............

ESTONIE...............

FINLANDE...............

FRANCE...............

LITUANIE...............

LUXEMBOURG........

MALTE.................

PAYS-BAS...............

POLOGNE...............

SLOVÉNIE.............

SUÈDE.................

045
TAUX DE CROISSANCE RÉELLE DU PIB EN 2011
ÉVOLUTION DU VOLUME EN POURCENTAGE PAR RAPPORT À L'ANNÉE PRÉCÉDENTE
SOURCE : EUROSTAT

CROISSANCE ÉCONOMIQUE

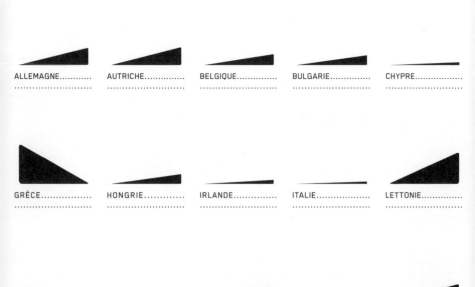

ALLEMAGNE............

AUTRICHE..............

BELGIQUE...............

BULGARIE..............

CHYPRE.................

GRÈCE.................

HONGRIE.............

IRLANDE...............

ITALIE...................

LETTONIE.............

PORTUGAL............

RÉP. TCHÈQUE.........

ROUMANIE.............

ROYAUME-UNI.......

SLOVAQUIE.............

DANEMARK............

ESPAGNE...............

ESTONIE..............

FINLANDE...............

FRANCE...............

LITUANIE...............

LUXEMBOURG........

MALTE.................

PAYS-BAS...............

POLOGNE...............

SLOVÉNIE.............

SUÈDE..................

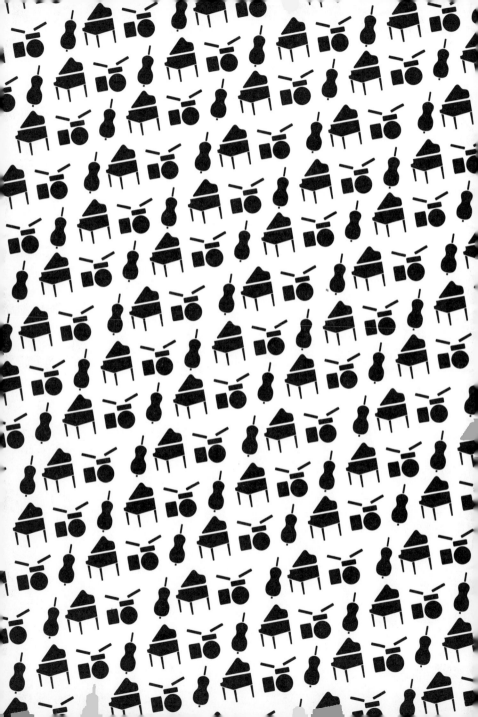

Deux cinquièmes de la valeur économique de la production d'instruments de musique de l'UE sont générés par l'Allemagne.

TAUX DE CHÔMAGE

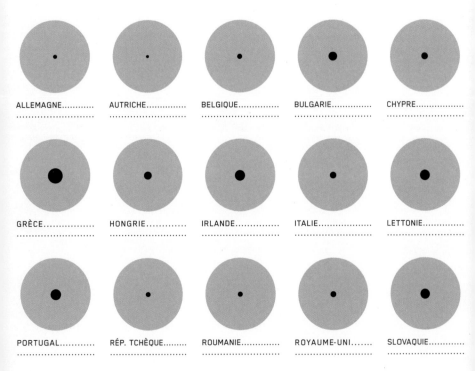

ALLEMAGNE............

AUTRICHE...............

BELGIQUE...............

BULGARIE...............

CHYPRE.................

GRÈCE.................

HONGRIE.............

IRLANDE..............

ITALIE..................

LETTONIE.............

PORTUGAL............

RÉP. TCHÈQUE.........

ROUMANIE..............

ROYAUME-UNI.......

SLOVAQUIE.............

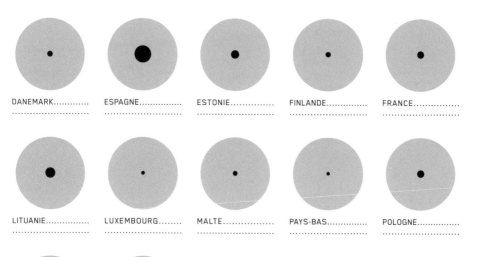

DANEMARK............
....

ESPAGNE...............
....

ESTONIE..............
....

FINLANDE...............
....

FRANCE...............
....

LITUANIE...............
....

LUXEMBOURG........
....

MALTE.................
....

PAYS-BAS...............
....

POLOGNE...............
....

SLOVÉNIE.............
....

SUÈDE..................
....

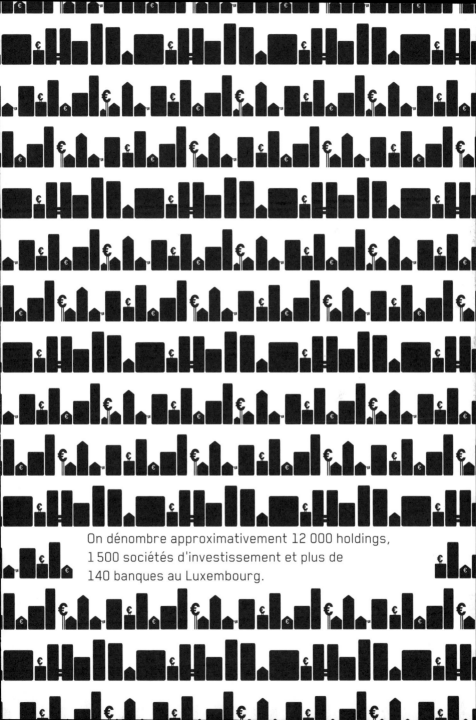

On dénombre approximativement 12 000 holdings,
1 500 sociétés d'investissement et plus de
140 banques au Luxembourg.

CONSOMMATION

ALLEMAGNE.............

AUTRICHE.............

BELGIQUE.............

BULGARIE.............

CHYPRE.............

GRÈCE.............

HONGRIE.............

IRLANDE.............

ITALIE.............

LETTONIE.............

PORTUGAL.............

RÉP. TCHÈQUE.........

ROUMANIE.............

ROYAUME-UNI.......

SLOVAQUIE.............

DANEMARK............

ESPAGNE...............

ESTONIE..............

FINLANDE...............

FRANCE...............

LITUANIE...............

LUXEMBOURG........

MALTE.................

PAYS-BAS...............

POLOGNE...............

SLOVÉNIE.............

SUÈDE..................

CACHETTES

ALLEMAGNE............
....

AUTRICHE..............
....

BELGIQUE..............
....

BULGARIE.............
....

CHYPRE................
....

GRÈCE.................
....

HONGRIE..............
....

IRLANDE..............
....

ITALIE..................
....

LETTONIE..............
....

PORTUGAL.............
....

RÉP. TCHÈQUE.........
....

ROUMANIE..............
....

ROYAUME-UNI.......
....

SLOVAQUIE.............
....

LES PLUS COURANTES : BOÎTES,
VASES,
POTS
 TIROIRS,
MEUBLES
EN GÉNÉRAL
 TIRELIRE

DANEMARK............
....

ESPAGNE................
....

ESTONIE...............
....

FINLANDE...............
....

FRANCE................
....

LITUANIE................
....

LUXEMBOURG........
....

MALTE.................
....

PAYS-BAS...............
....

POLOGNE................
....

SLOVÉNIE.............
....

SUÈDE..................
....

004
HISTOIRE

059
ANNÉE D'ADHÉSION À L'UNION EUROPÉENNE/AUX COMMUNAUTÉS EUROPÉENNES

SOURCE : CENTRE FÉDÉRAL POUR L'ÉDUCATION POLITIQUE (BPB)

ADHÉSION À L'UE

ALLEMAGNE............
....

AUTRICHE...............
....

BELGIQUE..............
....

BULGARIE..............
....

CHYPRE................
....

GRÈCE................
....

HONGRIE..............
....

IRLANDE...............
....

ITALIE...................
....

LETTONIE...............
....

PORTUGAL............
....

RÉP. TCHÈQUE.........
....

ROUMANIE..............
....

ROYAUME-UNI.......
....

SLOVAQUIE.............
....

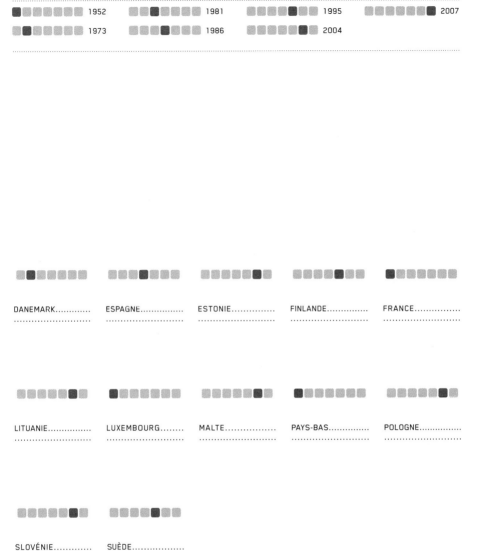

■■■■■■ 1952   ■■■■■■ 1981   ■■■■■■ 1995   ■■■■■■ 2007
■■■■■■ 1973   ■■■■■■ 1986   ■■■■■■ 2004

DANEMARK............   ESPAGNE...............   ESTONIE..............   FINLANDE...............   FRANCE...............
....

LITUANIE...............   LUXEMBOURG........   MALTE.................   PAYS-BAS...............   POLOGNE................
....

SLOVÉNIE.............   SUÈDE..................
....

DATES HISTORIQUES

1955

ALLEMAGNE............

La République fédérale d'Allemagne est déclarée comme entièrement souveraine.

1955

AUTRICHE...............

Traité d'indépendance rétablissant la souveraineté de l'État autrichien.

1831

BELGIQUE..............

Le roi Léopold Iᵉʳ de Belgique jure allégeance à la Constitution faisant du pays une monarchie constitutionnelle.

1878

BULGARIE.............

Indépendance par rapport à l'Empire ottoman reconnue internationalement par le traité de Berlin.

1960

CHYPRE................

Indépendance par rapport au Royaume-Uni.

1822

GRÈCE................

Proclamation de la première République hellénique.

1849

HONGRIE............

Indépendance déclarée par rapport à l'empire des Habsbourg.

1919

IRLANDE...............

Le Parlement irlandais élu, Dáil Éireann, déclare unilatéralement l'indépendance de l'Irlande par rapport au Royaume-Uni.

1861

ITALIE...................

Unification italienne.

1918

LETTONIE.............

Indépendance déclarée par rapport à l'Allemagne et à la Russie.

1139

PORTUGAL............

Le comté du Portugal obtient son indépendance par rapport au royaume de León.

1993

RÉP. TCHÈQUE.........

Dissolution de la Tchécoslovaquie, création de la République tchèque et de la Slovaquie.

1877

ROUMANIE..............

Indépendance déclarée par rapport à l'Empire ottoman.

1707

ROYAUME-UNI.......

Unification des deux royaumes d'Angleterre et d'Écosse pour créer le royaume de Grande-Bretagne.

1993

SLOVAQUIE.............

Dissolution de la Tchécoslovaquie, création de la République tchèque et de la Slovaquie.

958

DANEMARK.............

Le territoire est mentionné pour la première fois à Jelling, sur une pierre runique érigée par Harald Bluetooth.

1478

ESPAGNE................

Unification de l'État et abolition de la couronne d'Aragon, après la guerre de Succession d'Espagne.

1918

ESTONIE...............

Déclaration d'indépendance de l'Estonie, proclamation d'une république.

1917

FINLANDE...............

Déclaration de l'indépendance par rapport à l'Empire russe.

1870

FRANCE................

Établissement d'une forme de gouvernement républicain durable, considéré comme ininterrompu par la loi.

1918

LITUANIE...............

Indépendance déclarée par rapport à l'Allemagne et à la Russie.

1890

LUXEMBOURG........

Séparation de l'union formée avec le royaume des Pays-Bas, naissance du grand-duché.

1964

MALTE..................

Indépendance par rapport au Royaume-Uni.

1648

PAYS-BAS..............

Signature du traité de Münster, indépendance par rapport à l'Espagne.

1025

POLOGNE................

Formation du royaume de Pologne par Boleslas Ier le Vaillant.

1991

SLOVÉNIE.............

Déclaration de l'indépendance par rapport à la Yougoslavie.

1523

SUÈDE..................

Gustave Vasa, élu roi de Suède, met définitivement fin à l'Union de Kalmar.

Entre 1795 et 1918, la Pologne est une
nation sans pays. Au cours de cette période,
son territoire est partagé entre la Prusse,
l'Autriche et la Russie.

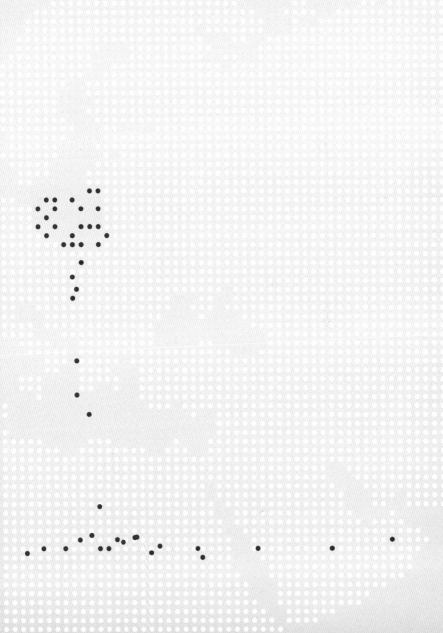

NÉ À L'ÉTRANGER

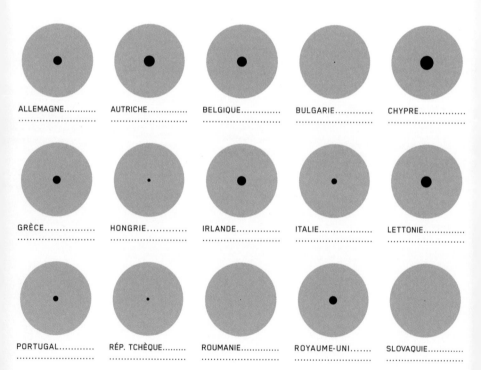

ALLEMAGNE............

AUTRICHE...............

BELGIQUE..............

BULGARIE..............

CHYPRE................

GRÈCE.................

HONGRIE.............

IRLANDE...............

ITALIE..................

LETTONIE..............

PORTUGAL............

RÉP. TCHÈQUE.........

ROUMANIE..............

ROYAUME-UNI.......

SLOVAQUIE.............

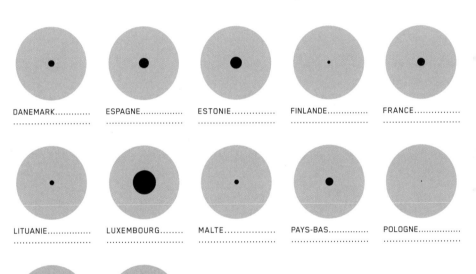

DANEMARK............

ESPAGNE...............

ESTONIE...............

FINLANDE...............

FRANCE................

LITUANIE................

LUXEMBOURG........

MALTE..................

PAYS-BAS...............

POLOGNE................

SLOVÉNIE.............

SUÈDE..................

005
POPULATION

POPULATION

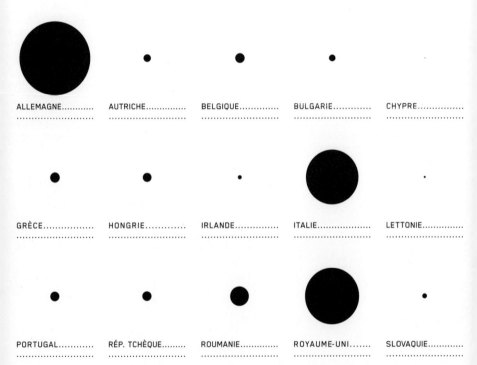

ALLEMAGNE............

AUTRICHE..............

BELGIQUE.............

BULGARIE............

CHYPRE...............

GRÈCE................

HONGRIE.............

IRLANDE..............

ITALIE..................

LETTONIE..............

PORTUGAL............

RÉP. TCHÈQUE.........

ROUMANIE.............

ROYAUME-UNI.......

SLOVAQUIE.............

DANEMARK............
ESPAGNE...............
ESTONIE..............
FINLANDE..............
FRANCE...............

LITUANIE...............
LUXEMBOURG........
MALTE.................
PAYS-BAS...............
POLOGNE...............

SLOVÉNIE.............
SUÈDE..................

TAUX DE FÉCONDITÉ

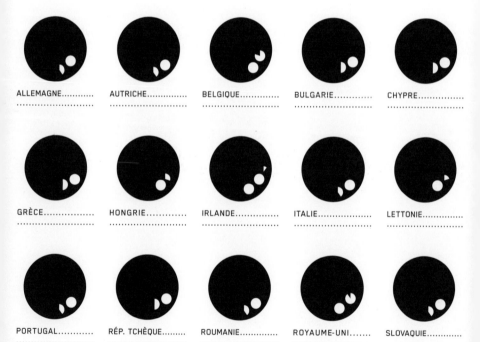

ALLEMAGNE.............

AUTRICHE.............

BELGIQUE..............

BULGARIE.............

CHYPRE...............

GRÈCE.............

HONGRIE.............

IRLANDE..............

ITALIE..................

LETTONIE..............

PORTUGAL............

RÉP. TCHÈQUE.........

ROUMANIE..............

ROYAUME-UNI.......

SLOVAQUIE............

NOMBRE MOYEN D'ENFANTS
PAR FEMME :

● 1 ◗ 0,6 ⏵ 0,2
◖ 0,9 ◗ 0,5 ⸜ 0,1
◖ 0,8 ◗ 0,4
◖ 0,7 ◗ 0,3

DANEMARK.............
....

ESPAGNE................
....

ESTONIE...............
....

FINLANDE...............
....

FRANCE................
....

LITUANIE...............
....

LUXEMBOURG........
....

MALTE.................
....

PAYS-BAS...............
....

POLOGNE...............
....

SLOVÉNIE.............
....

SUÈDE..................
....

MOYENNE D'ÂGE

ALLEMAGNE............

AUTRICHE..............

BELGIQUE..............

BULGARIE..............

CHYPRE...............

GRÈCE.................

HONGRIE.............

IRLANDE..............

ITALIE...................

LETTONIE.............

PORTUGAL............

RÉP. TCHÈQUE.........

ROUMANIE..............

ROYAUME-UNI.......

SLOVAQUIE.............

 PROPORTION DE
LA POPULATION ÂGÉE
DE 0 À 24 ANS

 PROPORTION DE
LA POPULATION ÂGÉE
DE 25 À 64 ANS

 PROPORTION DE
LA POPULATION ÂGÉE
DE 65 ANS ET PLUS

DANEMARK............

ESPAGNE...............

ESTONIE...............

FINLANDE...............

FRANCE...............

LITUANIE...............

LUXEMBOURG........

MALTE.................

PAYS-BAS...............

POLOGNE...............

SLOVÉNIE.............

SUÈDE.................

DENSITÉ DE
LA POPULATION

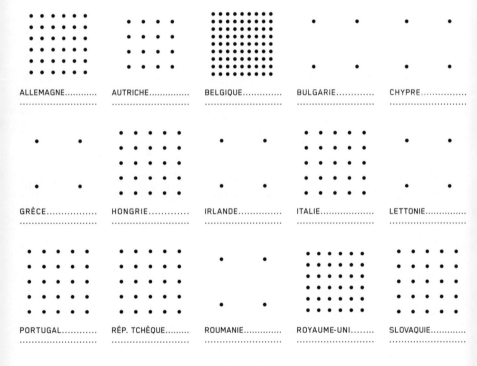

ALLEMAGNE.............

AUTRICHE.............

BELGIQUE.............

BULGARIE.............

CHYPRE...............

GRÈCE................

HONGRIE.............

IRLANDE.............

ITALIE.................

LETTONIE.............

PORTUGAL............

RÉP. TCHÈQUE.........

ROUMANIE.............

ROYAUME-UNI........

SLOVAQUIE............

DANEMARK.............
....

ESPAGNE...............
....

ESTONIE...............
....

FINLANDE...............
....

FRANCE...............
....

LITUANIE...............
....

LUXEMBOURG........
....

MALTE.................
....

PAYS-BAS...............
....

POLOGNE...............
....

SLOVÉNIE.............
....

SUÈDE.................
....

En moyenne, 1 316 Maltais
vivent sur 1 km².

URBANISATION

ALLEMAGNE............
....

AUTRICHE..............
....

BELGIQUE..............
....

BULGARIE............
....

CHYPRE...............
....

GRÈCE................
....

HONGRIE............
....

IRLANDE..............
....

ITALIE..................
....

LETTONIE.............
....

PORTUGAL............
....

RÉP. TCHÈQUE.........
....

ROUMANIE..............
....

ROYAUME-UNI.......
....

SLOVAQUIE............
....

 POPULATION URBAINE

 POPULATION RURALE

VALEURS DE RÉFÉRENCE :
BELGIQUE 97 % DE LA POPULATION
EST URBAINE
SLOVÉNIE 50 %

DANEMARK.............
....

ESPAGNE................
....

ESTONIE..............
....

FINLANDE...............
....

FRANCE................
....

LITUANIE................
....

LUXEMBOURG........
....

MALTE.................
....

PAYS-BAS...............
....

POLOGNE...............
....

SLOVÉNIE.............
....

SUÈDE..................
....

La Belgique présente l'un des plus forts taux d'urbanisation d'Europe : 97 % de la population vit en ville.

TAILLE DES FOYERS

ALLEMAGNE...........
....

AUTRICHE.............
....

BELGIQUE.............
....

BULGARIE............
....

CHYPRE...............
....

GRÈCE................
....

HONGRIE.............
....

IRLANDE..............
....

ITALIE.................
....

LETTONIE.............
....

PORTUGAL............
....

RÉP. TCHÈQUE.........
....

ROUMANIE.............
....

ROYAUME-UNI.......
....

SLOVAQUIE............
....

DANEMARK.............
....

ESPAGNE................
....

ESTONIE..............
....

FINLANDE...............
....

FRANCE................
....

LITUANIE................
....

LUXEMBOURG........
....

MALTE.................
....

PAYS-BAS...............
....

POLOGNE...............
....

SLOVÉNIE.............
....

SUÈDE..................
....

La Suède est le plus grand consommateur de mouchoirs d'Europe et le troisième au monde, avec une moyenne de 20 kg par personne et par an.

HYGIÈNE DENTAIRE

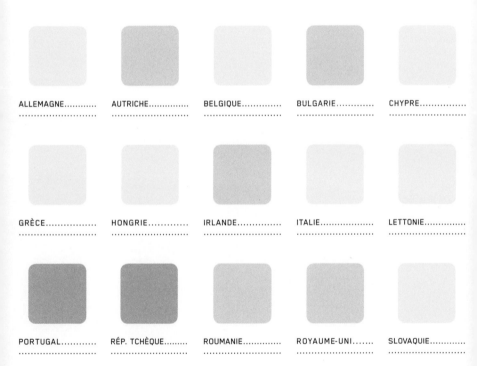

ALLEMAGNE............

AUTRICHE..............

BELGIQUE..............

BULGARIE.............

CHYPRE...............

GRÈCE................

HONGRIE.............

IRLANDE..............

ITALIE..................

LETTONIE..............

PORTUGAL............

RÉP. TCHÈQUE.........

ROUMANIE..............

ROYAUME-UNI.......

SLOVAQUIE............

MOINS DE
1 MINUTE

 1-2 MINUTES

 2-3 MINUTES

PLUS DE
3 MINUTES

DANEMARK............
....

ESPAGNE...............
....

ESTONIE..............
....

FINLANDE...............
....

FRANCE................
....

LITUANIE................
....

LUXEMBOURG........
....

MALTE.................
....

PAYS-BAS...............
....

POLOGNE................
....

SLOVÉNIE............
....

SUÈDE..................
....

REPASSAGE DES SOUS-VÊTEMENTS

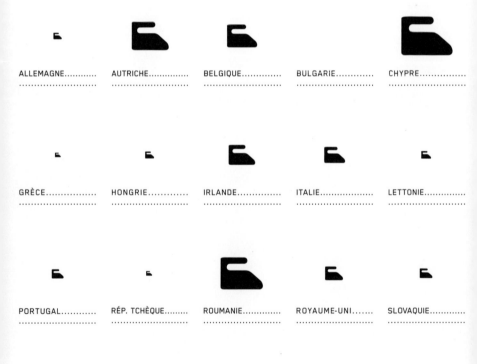

ALLEMAGNE............ AUTRICHE.............. BELGIQUE.............. BULGARIE............. CHYPRE................

GRÈCE................. HONGRIE............. IRLANDE.............. ITALIE................... LETTONIE..............

PORTUGAL............ RÉP. TCHÈQUE......... ROUMANIE.............. ROYAUME-UNI....... SLOVAQUIE.............

DANEMARK............ ESPAGNE............... ESTONIE.............. FINLANDE............... FRANCE...............
....

LITUANIE............... LUXEMBOURG........ MALTE................. PAYS-BAS.............. POLOGNE...............
....

SLOVÉNIE............. SUÈDE.................
....

006
US
ET
COUTUMES

SENS DE LA CIRCULATION

ALLEMAGNE............

AUTRICHE..............

BELGIQUE..............

BULGARIE.............

CHYPRE................

GRÈCE.................

HONGRIE.............

IRLANDE..............

ITALIE..................

LETTONIE.............

PORTUGAL............

RÉP. TCHÈQUE.........

ROUMANIE..............

ROYAUME-UNI.......

SLOVAQUIE.............

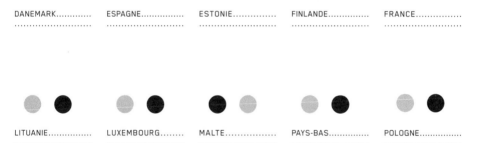

CONDUITE À DROITE   CONDUITE À GAUCHE

DANEMARK............   ESPAGNE...............   ESTONIE..............   FINLANDE..............   FRANCE...............
....

LITUANIE...............   LUXEMBOURG........   MALTE.................   PAYS-BAS...............   POLOGNE...............
....

SLOVÉNIE.............   SUÈDE.................
....

La Finlande est le plus gros consommateur de café d'Europe, avec une consommation de 12,5 kg par an et par personne.

ÂGE DE DÉPART DU FOYER PARENTAL

ALLEMAGNE..............

AUTRICHE...............

BELGIQUE...............

BULGARIE..............

CHYPRE................

GRÈCE.................

HONGRIE..............

IRLANDE...............

ITALIE..................

LETTONIE..............

PORTUGAL............

RÉP. TCHÈQUE.........

ROUMANIE..............

ROYAUME-UNI.......

SLOVAQUIE.............

19-21 ANS

 25-27 ANS

 31 ANS ET PLUS

22-24 ANS

28-30 ANS

DANEMARK.............

ESPAGNE................

ESTONIE..............

FINLANDE..............

FRANCE...............

LITUANIE................

LUXEMBOURG........

MALTE.................

PAYS-BAS...............

POLOGNE...............

SLOVÉNIE.............

SUÈDE.................

Presque la moitié des hommes italiens vivent encore avec leur mère à l'âge de 30 ans.

MARIAGE

ALLEMAGNE............
....

AUTRICHE...............
....

BELGIQUE..............
....

BULGARIE.............
....

CHYPRE................
....

GRÈCE.................
....

HONGRIE.............
....

IRLANDE...............
....

ITALIE...................
....

LETTONIE...............
....

PORTUGAL............
....

RÉP. TCHÈQUE.........
....

ROUMANIE..............
....

ROYAUME-UNI.......
....

SLOVAQUIE.............
....

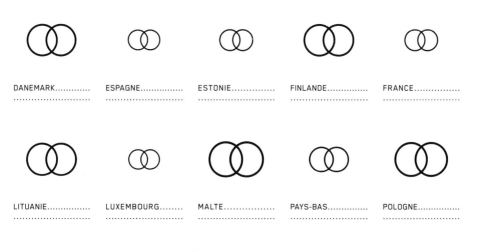

DANEMARK............
....

ESPAGNE...............
....

ESTONIE..............
....

FINLANDE...............
....

FRANCE...............
....

LITUANIE...............
....

LUXEMBOURG........
....

MALTE.................
....

PAYS-BAS...............
....

POLOGNE................
....

SLOVÉNIE.............
....

SUÈDE.................
....

NOCES

ALLEMAGNE...........
....

AUTRICHE...............
....

BELGIQUE...............
....

BULGARIE.............
....

CHYPRE................
....

GRÈCE.................
....

HONGRIE.............
....

IRLANDE...............
....

ITALIE...................
....

LETTONIE...............
....

PORTUGAL............
....

RÉP. TCHÈQUE.........
....

ROUMANIE...............
....

ROYAUME-UNI.......
....

SLOVAQUIE.............
....

DANEMARK............
....

 ESPAGNE...............
....

 ESTONIE...............
....

 FINLANDE...............
....

 FRANCE................
....

 LITUANIE................
....

 LUXEMBOURG........
....

 MALTE.................
....

 PAYS-BAS...............
....

 POLOGNE................
....

 SLOVÉNIE.............
....

 SUÈDE..................
....

DIVORCE

ALLEMAGNE............
....

AUTRICHE..............
....

BELGIQUE..............
....

BULGARIE.............
....

CHYPRE................
....

GRÈCE................
....

HONGRIE.............
....

IRLANDE..............
....

ITALIE..................
....

LETTONIE..............
....

PORTUGAL............
....

RÉP. TCHÈQUE.........
....

ROUMANIE.............
....

ROYAUME-UNI.......
....

SLOVAQUIE.............
....

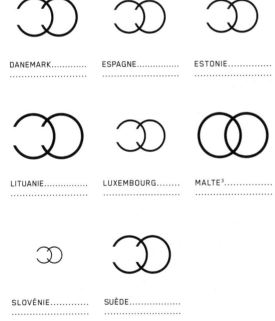

DANEMARK............
....

ESPAGNE...............
....

ESTONIE..............
....

FINLANDE...............
....

FRANCE...............
....

LITUANIE...............
....

LUXEMBOURG........
....

MALTE[3]...............
....

PAYS-BAS...............
....

POLOGNE...............
....

SLOVÉNIE.............
....

SUÈDE..................
....

[3]Les données pour Malte datent de 2010, alors que le divorce y était encore interdit.

À Malte, le divorce n'a été légalisé
qu'en octobre 2011, après un référendum.

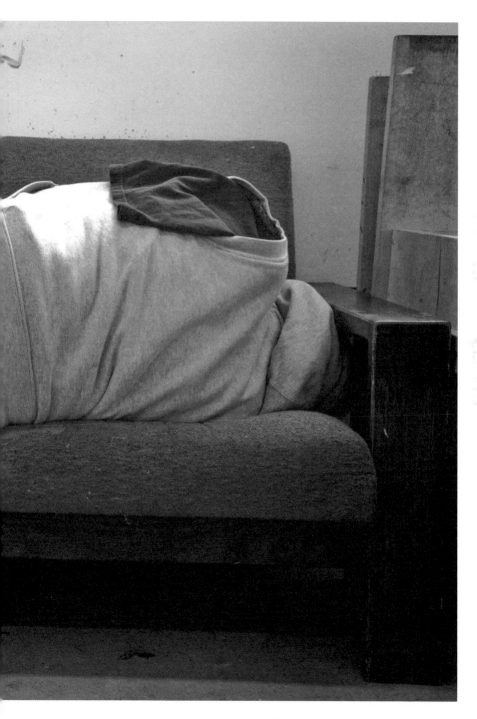

007
MORALE
ET
RELIGION

PRIÈRE DU SOIR

ALLEMAGNE............
....

AUTRICHE...............
....

BELGIQUE..............
....

BULGARIE..............
....

CHYPRE................
....

GRÈCE.................
....

HONGRIE.............
....

IRLANDE..............
....

ITALIE...................
....

LETTONIE..............
....

PORTUGAL............
....

RÉP. TCHÈQUE.........
....

ROUMANIE..............
....

ROYAUME-UNI.......
....

SLOVAQUIE.............
....

DANEMARK............
....

 ESPAGNE...............
....

 ESTONIE...............
....

FINLANDE...............
....

 FRANCE...............
....

 LITUANIE...............
....

 LUXEMBOURG........
....

 MALTE.................
....

 PAYS-BAS...............
....

 POLOGNE...............
....

 SLOVÉNIE.............
....

 SUÈDE..................
....

NOMBRE DE PERSONNES INTERROGÉES AYANT DÉCLARÉ SE RENDRE
DANS UN LIEU DE CULTE AU MOINS UNE FOIS PAR SEMAINE
SOURCE : WORLD VALUES SURVEY/EUROPEAN SOCIAL SURVEY

FRÉQUENTATION DES LIEUX DE CULTE

ALLEMAGNE............
....

AUTRICHE..............
....

BELGIQUE..............
....

BULGARIE..............
....

CHYPRE...............
....

GRÈCE.................
....

HONGRIE.............
....

IRLANDE..............
....

ITALIE..................
....

LETTONIE..............
....

PORTUGAL............
....

RÉP. TCHÈQUE.........
....

ROUMANIE.............
....

ROYAUME-UNI.......
....

SLOVAQUIE............
....

VALEURS DE RÉFÉRENCE :
MALTE 75 %
ESTONIE 4 %

 DANEMARK.............

 ESPAGNE................

 ESTONIE..............

 FINLANDE...............

 FRANCE...............

 LITUANIE................

 LUXEMBOURG........

 MALTE..................

 PAYS-BAS...............

 POLOGNE................

 SLOVÉNIE.............

 SUÈDE..................

Selon une enquête de BBC News, à Noël, la fréquentation des églises augmente de 240 % en Allemagne, de 220 % au Royaume-Uni, de 188 % en Italie et de 186 % en France.

008
ÉDUCATION

DÉPENSES PUBLIQUES LIÉES À L'ÉDUCATION

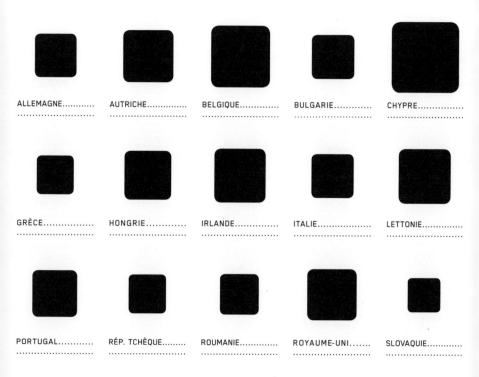

ALLEMAGNE............

AUTRICHE..............

BELGIQUE.............

BULGARIE............

CHYPRE...............

GRÈCE................

HONGRIE............

IRLANDE..............

ITALIE.................

LETTONIE.............

PORTUGAL...........

RÉP. TCHÈQUE.........

ROUMANIE.............

ROYAUME-UNI.......

SLOVAQUIE...........

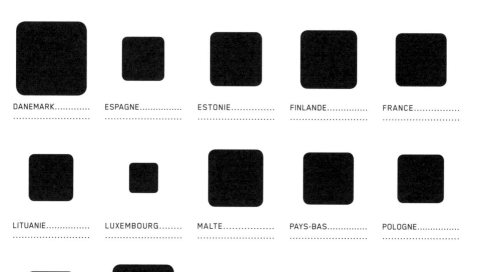

DANEMARK..............

ESPAGNE...............

ESTONIE..............

FINLANDE..............

FRANCE...............

LITUANIE...............

LUXEMBOURG........

MALTE.................

PAYS-BAS...............

POLOGNE...............

SLOVÉNIE.............

SUÈDE..................

NOMBRE D'ANNÉES DE SCOLARITÉ

ALLEMAGNE............

AUTRICHE..............

BELGIQUE..............

BULGARIE.............

CHYPRE................

GRÈCE.................

HONGRIE.............

IRLANDE..............

ITALIE..................

LETTONIE...............

PORTUGAL............

RÉP. TCHÈQUE.........

ROUMANIE..............

ROYAUME-UNI.......

SLOVAQUIE.............

DANEMARK..............
....

ESPAGNE..............
....

ESTONIE..............
....

FINLANDE..............
....

FRANCE..............
....

LITUANIE..............
....

LUXEMBOURG........
....

MALTE..............
....

PAYS-BAS..............
....

POLOGNE..............
....

SLOVÉNIE..............
....

SUÈDE..............
....

123
COMBIEN DE JOURNÉES D'ÉCOLE/DE TRAVAIL MANQUEZ-VOUS PAR AN ?

SOURCE : ENQUÊTE PERSONNELLE

ABSENCES

XXXXX
XXXXX

ALLEMAGNE............
....

XXXXX
XXXXX

AUTRICHE..............
....

XXXXX
XXX⁀⁀

BELGIQUE..............
....

XXXXX
XXX⁀⁀

BULGARIE.............
....

XXXXX
XXXX
XXXX
X

CHYPRE...............
....

XXXXX
XXXXX
XXXXX
XXXX

GRÈCE................
....

XXXXX
XX

HONGRIE............
....

XXXXX
XXX⁀

IRLANDE..............
....

XXXXX
XX

ITALIE..................
....

XXXXX
XXX

LETTONIE..............
....

XXXXX
XXX

PORTUGAL...........
....

XXXXX
X

RÉP. TCHÈQUE.........
....

XXXXX
XX

ROUMANIE.............
....

XXX

ROYAUME-UNI.......
....

XXX

SLOVAQUIE............
....

XXXXX

DANEMARK............
....

XXXXX
XXXXX
X

ESPAGNE...............
....

XXXXX
XXXXX
X

ESTONIE...............
....

XXXXX

FINLANDE...............
....

XXXXX
XX

FRANCE...............
....

XXXXX
X

LITUANIE...............
....

XXX

LUXEMBOURG........
....

XXXXX
X

MALTE.................
....

XXXXX
XX

PAYS-BAS...............
....

XXXXX
XXX

POLOGNE...............
....

XXXXX

SLOVÉNIE............
....

XXX

SUÈDE.................
....

COMPÉTENCES EN LANGUES ÉTRANGÈRES

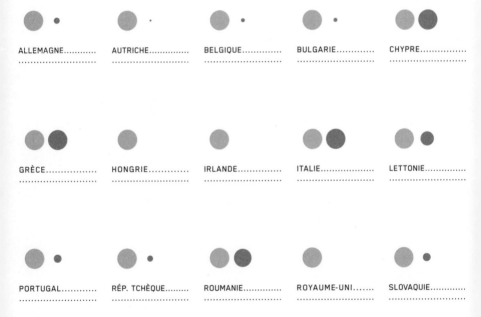

ALLEMAGNE............

AUTRICHE..............

BELGIQUE..............

BULGARIE..............

CHYPRE................

GRÈCE................

HONGRIE.............

IRLANDE..............

ITALIE..................

LETTONIE..............

PORTUGAL............

RÉP. TCHÈQUE.........

ROUMANIE..............

ROYAUME-UNI.......

SLOVAQUIE............

DANEMARK............

ESPAGNE...............

ESTONIE...............

FINLANDE...............

FRANCE...............

LITUANIE................

LUXEMBOURG........

MALTE.................

PAYS-BAS...............

POLOGNE...............

SLOVÉNIE.............

SUÈDE..................

91 % des Luxembourgeois affirment parler au moins deux langues étrangères en plus de leur langue maternelle.

TAUX D'ANALPHABÉTISME

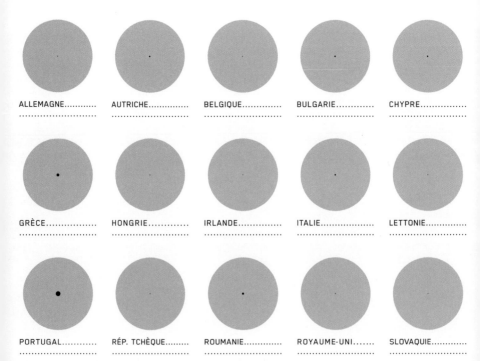

ALLEMAGNE............

AUTRICHE..............

BELGIQUE..............

BULGARIE.............

CHYPRE................

GRÈCE.................

HONGRIE.............

IRLANDE..............

ITALIE...................

LETTONIE.............

PORTUGAL.............

RÉP. TCHÈQUE.........

ROUMANIE..............

ROYAUME-UNI.......

SLOVAQUIE.............

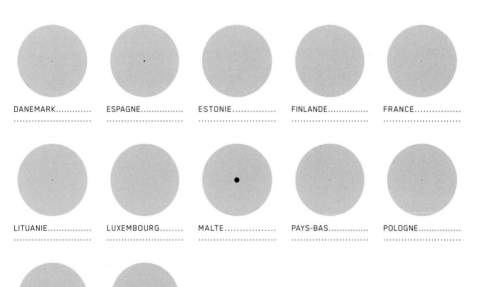

DANEMARK............
....

ESPAGNE...............
....

ESTONIE..............
....

FINLANDE...............
....

FRANCE...............
....

LITUANIE...............
....

LUXEMBOURG........
....

MALTE.................
....

PAYS-BAS...............
....

POLOGNE...............
....

SLOVÉNIE.............
....

SUÈDE..................
....

RATIO ENSEIGNANT/ ÉLÈVES

ALLEMAGNE............

AUTRICHE..............

BELGIQUE..............

BULGARIE.............

CHYPRE...............

GRÈCE................

HONGRIE.............

IRLANDE..............

ITALIE..................

LETTONIE.............

PORTUGAL............

RÉP. TCHÈQUE........

ROUMANIE.............

ROYAUME-UNI.......

SLOVAQUIE............

DANEMARK............

ESPAGNE...............

ESTONIE...............

FINLANDE...............

FRANCE...............

LITUANIE...............

LUXEMBOURG........

MALTE.................

PAYS-BAS...............

POLOGNE...............

SLOVÉNIE.............

SUÈDE.................

009
LANGUE ET COMMUNI-CATION

LANGUES OFFICIELLES

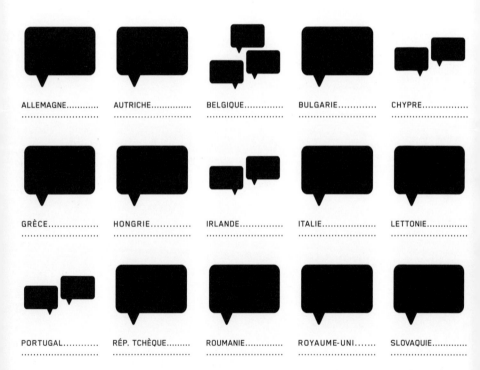

ALLEMAGNE............

AUTRICHE.............

BELGIQUE.............

BULGARIE.............

CHYPRE...............

GRÈCE................

HONGRIE.............

IRLANDE.............

ITALIE.................

LETTONIE.............

PORTUGAL............

RÉP. TCHÈQUE.........

ROUMANIE.............

ROYAUME-UNI.......

SLOVAQUIE............

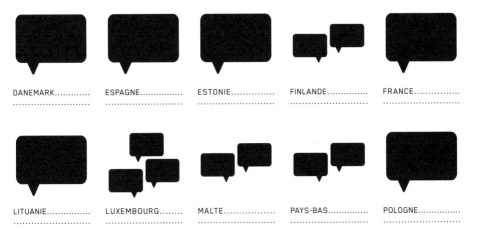

DANEMARK............

ESPAGNE...............

ESTONIE..............

FINLANDE..............

FRANCE...............

LITUANIE...............

LUXEMBOURG........

MALTE.................

PAYS-BAS...............

POLOGNE...............

SLOVÉNIE.............

SUÈDE.................

137
« JE T'AIME » DANS LA LANGUE OFFICIELLE DE CHAQUE PAYS
LONGUEUR DE LA PHRASE MESURÉE EN NOMBRE DE LETTRES
SOURCES : DIVERSES

JE T'AIME

ALLEMAGNE............
....

AUTRICHE..............
....

BELGIQUE..............
....

BULGARIE.............
....

CHYPRE...............
....

GRÈCE................
....

HONGRIE............
....

IRLANDE..............
....

ITALIE..................
....

LETTONIE..............
....

PORTUGAL............
....

RÉP. TCHÈQUE.........
....

ROUMANIE..............
....

ROYAUME-UNI.......
....

SLOVAQUIE............
....

— — — — —   — — — — —   — — — — —   — — — — —   — — — — —
                                            — —   — — — — —   —

DANEMARK............   ESPAGNE...............   ESTONIE...............   FINLANDE...............   FRANCE...............
....

— — — — —   — — — — —   — — — — —   — — — — —   — — — — —
— —   — — — — —   — —
              — —

LITUANIE...............   LUXEMBOURG........   MALTE.................   PAYS-BAS...............   POLOGNE...............
....

— — — — —   — — — — —
— —

SLOVÉNIE............   SUÈDE.................
....

INDICATIF TÉLÉPHONIQUE

+49

ALLEMAGNE............

+43

AUTRICHE...............

+32

BELGIQUE..............

+359

BULGARIE.............

+357

CHYPRE...............

+30

GRÈCE................

+36

HONGRIE.............

+353

IRLANDE..............

+39

ITALIE...................

+371

LETTONIE...............

+351

PORTUGAL............

+420

RÉP. TCHÈQUE.........

+40

ROUMANIE..............

+44

ROYAUME-UNI.......

+421

SLOVAQUIE.............

+45

DANEMARK...........
....

+34

ESPAGNE...............
....

+372

ESTONIE..............
....

+358

FINLANDE..............
....

+33

FRANCE...............
....

+370

LITUANIE...............
....

+352

LUXEMBOURG........
....

+356

MALTE.................
....

+31

PAYS-BAS...............
....

+48

POLOGNE...............
....

+386

SLOVÉNIE............
....

+46

SUÈDE.................
....

ABONNEMENTS DE TÉLÉPHONIE MOBILE

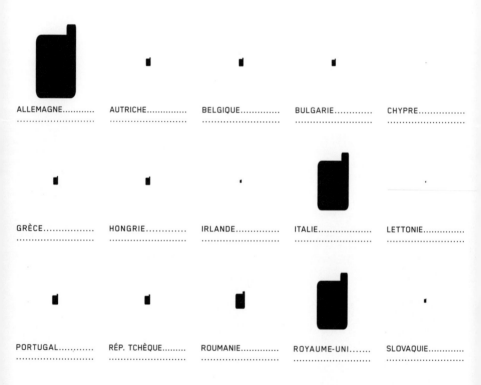

ALLEMAGNE............ AUTRICHE............... BELGIQUE.............. BULGARIE............. CHYPRE................

GRÈCE................. HONGRIE............. IRLANDE............... ITALIE.................. LETTONIE..............

PORTUGAL............ RÉP. TCHÈQUE......... ROUMANIE............. ROYAUME-UNI....... SLOVAQUIE.............

VALEURS DE RÉFÉRENCE :
ALLEMAGNE 105 000 000
MALTE 455 400

DANEMARK............ ESPAGNE............... ESTONIE.............. FINLANDE............... FRANCE...............
....

LITUANIE............... LUXEMBOURG........ MALTE................. PAYS-BAS............... POLOGNE...............
....

SLOVÉNIE............ SUÈDE.................
....

Pratiquée par 7 millions de personnes, la langue catalane est la plus parlée des 60 langues régionales de l'Union européenne. On l'utilise en Espagne, en France et à Alghero (Sardaigne).

ENSENYA LA TEUA LLENGUA !

ACCÈS INTERNET

ALLEMAGNE...........
....

AUTRICHE..............
....

BELGIQUE..............
....

BULGARIE.............
....

CHYPRE...............
....

GRÈCE................
....

HONGRIE............
....

IRLANDE..............
....

ITALIE..................
....

LETTONIE..............
....

PORTUGAL...........
....

RÉP. TCHÈQUE.........
....

ROUMANIE.............
....

ROYAUME-UNI.......
....

SLOVAQUIE.............
....

DANEMARK............
....

ESPAGNE...............
....

ESTONIE...............
....

FINLANDE...............
....

FRANCE................
....

LITUANIE...............
....

LUXEMBOURG........
....

MALTE.................
....

PAYS-BAS...............
....

POLOGNE...............
....

SLOVÉNIE.............
....

SUÈDE.................
....

UTILISATION D'INTERNET

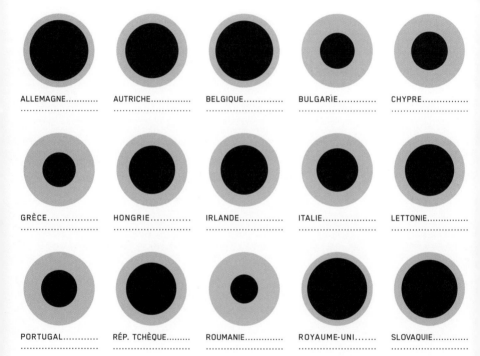

ALLEMAGNE...........

AUTRICHE..............

BELGIQUE..............

BULGARIE.............

CHYPRE...............

GRÈCE.................

HONGRIE.............

IRLANDE..............

ITALIE...................

LETTONIE.............

PORTUGAL...........

RÉP. TCHÈQUE.........

ROUMANIE..............

ROYAUME-UNI.......

SLOVAQUIE.............

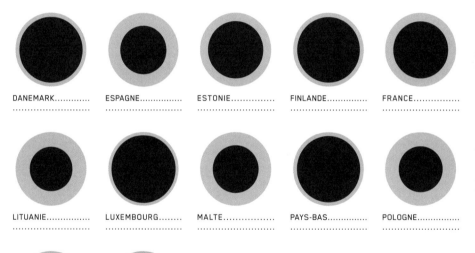

DANEMARK............
....

ESPAGNE...............
....

ESTONIE...............
....

FINLANDE...............
....

FRANCE...............
....

LITUANIE...............
....

LUXEMBOURG........
....

MALTE.................
....

PAYS-BAS...............
....

POLOGNE...............
....

SLOVÉNIE.............
....

SUÈDE..................
....

En moyenne, la minute d'appel local est la moins chère au Danemark (13 centimes), et la plus chère au Royaume-Uni (77 centimes).

LIBERTÉ DE LA PRESSE

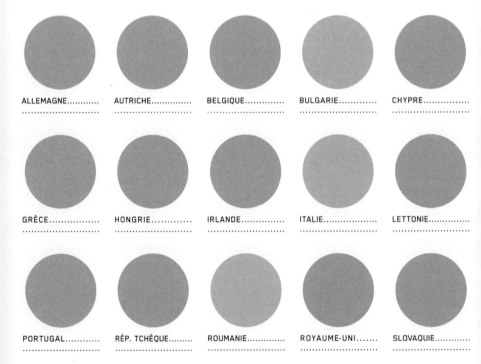

ALLEMAGNE............

AUTRICHE..............

BELGIQUE..............

BULGARIE.............

CHYPRE...............

GRÈCE................

HONGRIE.............

IRLANDE..............

ITALIE..................

LETTONIE..............

PORTUGAL............

RÉP. TCHÈQUE.........

ROUMANIE..............

ROYAUME-UNI.......

SLOVAQUIE.............

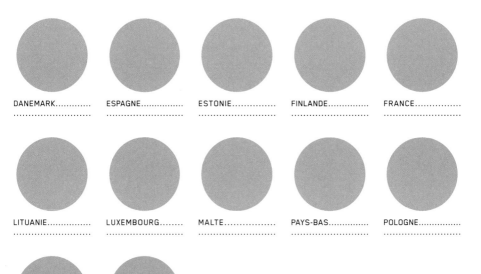

DANEMARK............
....

ESPAGNE...............
....

ESTONIE...............
....

FINLANDE...............
....

FRANCE................
....

LITUANIE................
....

LUXEMBOURG........
....

MALTE.................
....

PAYS-BAS...............
....

POLOGNE................
....

SLOVÉNIE.............
....

SUÈDE.................
....

ALLÔ

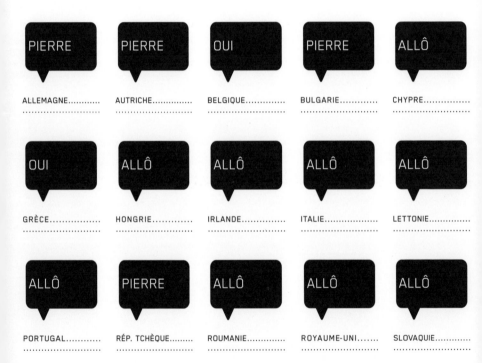

PIERRE	PIERRE	OUI	PIERRE	ALLÔ
ALLEMAGNE............	AUTRICHE..............	BELGIQUE.............	BULGARIE.............	CHYPRE...............
OUI	ALLÔ	ALLÔ	ALLÔ	ALLÔ
GRÈCE...............	HONGRIE.............	IRLANDE.............	ITALIE..................	LETTONIE..............
ALLÔ	PIERRE	ALLÔ	ALLÔ	ALLÔ
PORTUGAL............	RÉP. TCHÈQUE.........	ROUMANIE..............	ROYAUME-UNI.......	SLOVAQUIE.............

 LA MAJORITÉ RÉPOND AU TÉLÉPHONE EN DISANT « ALLÔ », « BONJOUR », ETC.

 LA MAJORITÉ RÉPOND AU TÉLÉPHONE EN INDIQUANT UN NOM OU UN PRÉNOM.

 LA MAJORITÉ RÉPOND AU TÉLÉPHONE EN DISANT « OUI », « S'IL VOUS PLAÎT », ETC.

ALLÔ

DANEMARK............

OUI

ESTONIE...............

PIERRE

FINLANDE...............

ALLÔ

FRANCE................

OUI

ESPAGNE................

PIERRE

LITUANIE................

OUI

LUXEMBOURG........

ALLÔ

MALTE.................

PIERRE

PAYS-BAS...............

ALLÔ

POLOGNE................

ALLÔ

SLOVÉNIE.............

PIERRE

SUÈDE.................

PRIX D'UN TIMBRE

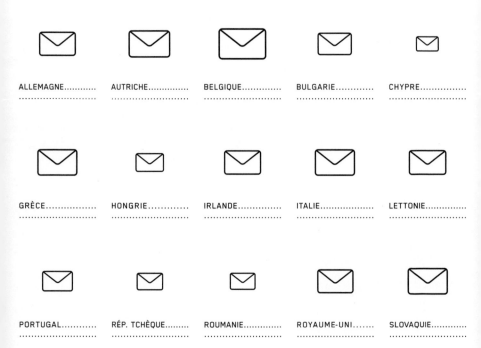

ALLEMAGNE............
....

AUTRICHE...............
....

BELGIQUE...............
....

BULGARIE.............
....

CHYPRE................
....

GRÈCE.................
....

HONGRIE.............
....

IRLANDE.............
....

ITALIE..................
....

LETTONIE..............
....

PORTUGAL............
....

RÉP. TCHÈQUE.........
....

ROUMANIE...............
....

ROYAUME-UNI.......
....

SLOVAQUIE.............
....

DANEMARK............

ESPAGNE...............

ESTONIE...............

FINLANDE...............

FRANCE...............

LITUANIE...............

LUXEMBOURG........

MALTE.................

PAYS-BAS...............

POLOGNE................

SLOVÉNIE.............

SUÈDE..................

010
ARTS
ET
CULTURE

SITES CULTURELS INSCRITS AU PATRIMOINE MONDIAL

ALLEMAGNE............

AUTRICHE...............

BELGIQUE...............

BULGARIE..............

CHYPRE.................

GRÈCE..................

HONGRIE.............

IRLANDE...............

ITALIE...................

LETTONIE...............

PORTUGAL............

RÉP. TCHÈQUE.........

ROUMANIE..............

ROYAUME-UNI.......

SLOVAQUIE.............

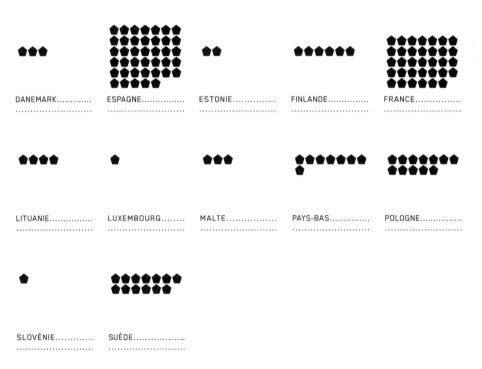

DANEMARK.............
....

ESPAGNE...............
....

ESTONIE..............
....

FINLANDE...............
....

FRANCE...............
....

LITUANIE...............
....

LUXEMBOURG........
....

MALTE.................
....

PAYS-BAS...............
....

POLOGNE...............
....

SLOVÉNIE.............
....

SUÈDE.................
....

PRIX NOBEL DE LITTÉRATURE

aaaaa
aaaa

a

a

a

ALLEMAGNE............

AUTRICHE..............

BELGIQUE..............

BULGARIE.............

CHYPRE................

aa

a

aaaa

aaaaa
a

GRÈCE................

HONGRIE............

IRLANDE..............

ITALIE..................

LETTONIE..............

a

a

a

aaaaa
aaaaa
a

PORTUGAL............

RÉP. TCHÈQUE.........

ROUMANIE.............

ROYAUME-UNI.......

SLOVAQUIE.............

aaa

DANEMARK............

aaaaa
a

ESPAGNE...............

ESTONIE...............

a

FINLANDE...............

aaaaa
aaaaa
aaaa

FRANCE...............

a

LITUANIE...............

LUXEMBOURG........

MALTE.................

PAYS-BAS...............

aaaaa

POLOGNE...............

aaaaa
aa

SLOVÉNIE.............

SUÈDE.................

Avec plus de 120 000 livres publiés par an, le Royaume-Uni est le premier producteur de livres en Europe.

CHANTER SOUS LA DOUCHE

ALLEMAGNE............
....

AUTRICHE...............
....

BELGIQUE..............
....

BULGARIE..............
....

CHYPRE................
....

GRÈCE.................
....

HONGRIE.............
....

IRLANDE...............
....

ITALIE...................
....

LETTONIE..............
....

PORTUGAL...........
....

RÉP. TCHÈQUE.........
....

ROUMANIE.............
....

ROYAUME-UNI.......
....

SLOVAQUIE.............
....

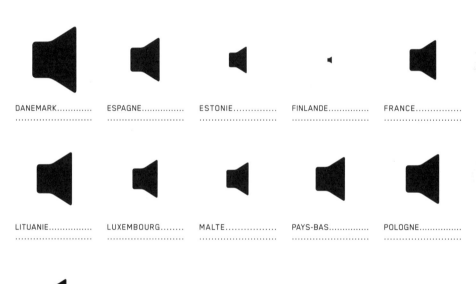

DANEMARK............. ESPAGNE............... ESTONIE............... FINLANDE............... FRANCE...............
....

LITUANIE............... LUXEMBOURG........ MALTE................. PAYS-BAS............... POLOGNE...............
....

SLOVÉNIE............. SUÈDE..................
....

Avec plus de 6 000 musées, l'Allemagne est le pays de l'Union européenne qui en possède le plus grand nombre.

169
POURCENTAGE D'ÉTUDIANTS DIPLÔMÉS EN ARTS ET LETTRES
PAR RAPPORT AU NOMBRE TOTAL D'ÉTUDIANTS DIPLÔMÉS
SOURCE : EUROSTAT

ÉTUDIANTS EN ARTS ET LETTRES

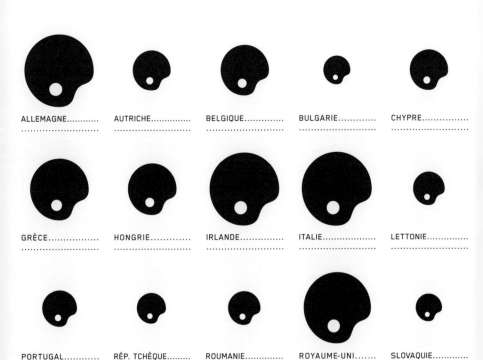

ALLEMAGNE...........

AUTRICHE..............

BELGIQUE..............

BULGARIE.............

CHYPRE................

GRÈCE................

HONGRIE.............

IRLANDE...............

ITALIE..................

LETTONIE..............

PORTUGAL...........

RÉP. TCHÈQUE.........

ROUMANIE.............

ROYAUME-UNI.......

SLOVAQUIE.............

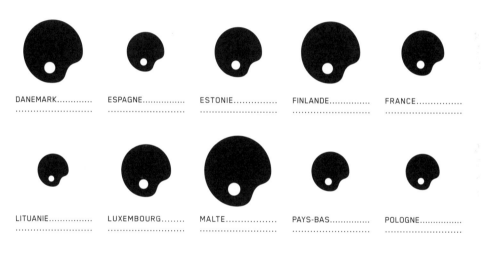

DANEMARK.............
....

ESPAGNE...............
....

ESTONIE...............
....

FINLANDE...............
....

FRANCE................
....

LITUANIE................
....

LUXEMBOURG........
....

MALTE..................
....

PAYS-BAS................
....

POLOGNE................
....

SLOVÉNIE.............
....

SUÈDE..................
....

COULEUR PRÉFÉRÉE

ALLEMAGNE............
....

AUTRICHE..............
....

BELGIQUE..............
....

BULGARIE..............
....

CHYPRE.................
....

GRÈCE.................
....

HONGRIE.............
....

IRLANDE..............
....

ITALIE...................
....

LETTONIE..............
....

PORTUGAL............
....

RÉP. TCHÈQUE.........
....

ROUMANIE..............
....

ROYAUME-UNI.......
....

SLOVAQUIE..............
....

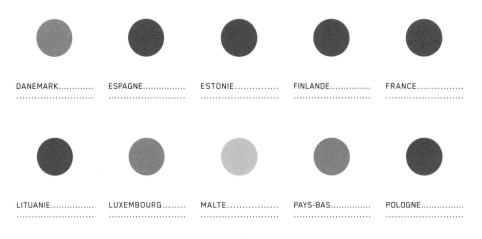

DANEMARK............. ESPAGNE............... ESTONIE............... FINLANDE............... FRANCE................
....

LITUANIE................ LUXEMBOURG........ MALTE.................. PAYS-BAS................ POLOGNE................
....

SLOVÉNIE............. SUÈDE..................
....

011
BIBLIO-
GRAPHIE
ET
CRÉDITS

SOURCES DES DONNÉES

REMARQUES

Les dimensions ne sont pas à l'échelle.
La superficie totale correspond à la somme de toutes les terres et eaux à l'intérieur des frontières et/ou des côtes.
Remarque pour la France : les données incluent la Guyane française, la Guadeloupe, la Martinique, Mayotte et La Réunion.

Pourcentage comparé à la superficie totale et non à la superficie des terres pour la Bulgarie, le Danemark, l'Allemagne, la France, Chypre, la Pologne et le Portugal.

La superficie des eaux intérieures correspond à la somme des superficies des eaux, à l'intérieur des frontières internationales et/ou des côtes.
Altitude au-dessus du niveau de la mer.
Aux termes de l'article 6(1) de la directive 94/62/CE du Parlement européen et du Conseil, le taux de recyclage désigne la quantité totale de déchets d'emballage recyclés, divisée par la quantité totale de déchets d'emballage générés.
Données de 2007 pour Malte.
Un code pays a été assigné à tous les États membres de l'UE et aux pays tiers. Il s'écrit toujours en lettres capitales et est souvent utilisé comme abréviation dans les analyses statistiques, les tableaux, les données chiffrées et sur les cartes.
Il s'agit de la forme de base du gouvernement. Les définitions des principaux termes utilisés sont les suivantes (pour certains pays, plusieurs définitions s'appliquent) :
république = démocratie représentative dans laquelle les députés élus par la population (représentants), et non la population elle-même, votent les lois ;
monarchie constitutionnelle = système de gouvernement dans lequel un monarque est guidé par une constitution, ce qui signifie que ses droits, ses devoirs et ses responsabilités sont déterminés par une loi écrite ou par la coutume ;
monarchie parlementaire = État dirigé par un monarque qui n'est pas impliqué activement dans la formation ou l'application de la politique (le monarque est le représentant de l'État au niveau cérémonial). Le pays est en réalité gouverné par un cabinet et son dirigeant (un Premier ministre ou un Chancelier) est désigné par le pouvoir législatif (Parlement).
Terminologie inexacte pour la Belgique : démocratie parlementaire fédérale dans une monarchie constitutionnelle.

Données issues du *Fischer Weltalmanach 2010*.
Remarque : le nombre total de couplets est indiqué, bien que tous les hymnes ne soient pas chantés en entier lors des manifestations officielles.

Enquête réalisée entre 2008 et 2012 par Julia Sturm pour le projet « Culture and Cliché ».
Le produit intérieur brut (PIB) est une mesure de l'activité économique. Il est défini comme la valeur de l'ensemble des biens et services produits moins la valeur de l'ensemble des biens et services utilisés pour leur production. L'indice volumique du PIB par tête exprimé en standards de pouvoir d'achat (SPA) est exprimé par rapport à la moyenne de l'Union européenne (UE 27) utilisée comme indice de base valant 100.
Pour mesurer le taux de croissance du PIB en termes de volume, les PIB en prix courants sont évalués en fonction des prix de l'année précédente. Les variations de volume ainsi calculées sont comparées au niveau d'une année de référence.

Le taux de chômage représente les personnes sans emploi en pourcentage de la population active, sur la base de la définition de l'Organisation internationale du travail (OIT).
Données de 2011 pour l'Estonie, la Grèce, la Lettonie, la Lituanie et le Royaume-Uni.

La dépense de consommation finale recouvre les dépenses consacrées par les unités institutionnelles résidentes à l'acquisition de biens ou de services qui sont utilisés pour la satisfaction directe des besoins individuels ou collectifs des membres de la communauté. La dépense de consommation finale peut être effectuée sur le territoire économique ou dans le reste du monde.
Enquête réalisée entre 2008 et 2012 par Julia Sturm pour le projet « Culture and Cliché ».

Nombre d'habitants d'une zone donnée au 1er janvier de l'année de référence.
Nombre moyen d'enfants nés d'une femme si elle vivait jusqu'à la fin de sa période de fécondité et qu'elle donnait naissance à des enfants conformément aux taux de fécondité actuels propres à chaque tranche d'âge.
Données de 2009 pour l'Italie, Chypre, la Roumanie et le Royaume-Uni.
Données de 2010 pour la Belgique, Chypre et la Roumanie.
Rapport entre la population moyenne d'un territoire à une certaine date et la superficie du territoire.

Pourcentage de la population totale vivant dans des zones urbaines, telles que définies par le pays concerné.
Données de 2009 pour la Belgique, la France et le Royaume-Uni.

SOURCES DES DONNÉES

Enquête réalisée entre 2008 et 2012 par Julia Sturm pour le projet « Culture and Cliché ».
Enquête réalisée entre 2008 et 2012 par Julia Sturm pour le projet « Culture and Cliché ».

Consommation annuelle de café en kilo par personne (équivalent grain vert).

Données de 2009 pour Chypre et les Pays-Bas.
Enquête réalisée entre 2008 et 2012 par Julia Sturm pour le projet « Culture and Cliché ».
Données de 2008 pour la Grèce et la France ; données de 2009 pour le Royaume-Uni, l'Italie, Chypre, les Pays-Bas et la Slovénie.

Enquête réalisée entre 2008 et 2012 par Julia Sturm pour le projet « Culture and Cliché ».

Cet indicateur est défini comme l'ensemble des dépenses publiques pour l'éducation, exprimées sous forme de pourcentage du PIB. Généralement, le secteur public finance l'éducation en prenant en charge directement les dépenses courantes et en capital des institutions éducatrices, ou en finançant les étudiants et leur famille au moyen de bourses et de prêts publics, ainsi qu'en transférant des subventions publiques destinées aux activités éducatives vers des entreprises privées ou des organisations à but non lucratif.
Données de 2005 pour la Grèce.
Nombre d'années de scolarité qu'un enfant en âge d'entrer à l'école peut espérer recevoir, si les modèles de taux d'inscription spécifiques à chaque tranche d'âge persistent pendant toute sa vie.
Enquête réalisée entre 2008 et 2012 par Julia Sturm pour le projet « Culture and Cliché ».
Le nombre moyen de langues étrangères apprises par élève dans l'enseignement secondaire (ISCED 2 et 3) est obtenu en divisant le nombre total d'élèves auxquels une langue étrangère est enseignée par le nombre total d'élèves au même niveau d'enseignement. Sont retenues comme langues étrangères celles qui sont considérées comme telles dans le cursus ou dans d'autres documents officiels relatifs à l'éducation dans chacun des pays. L'irlandais, le luxembourgeois et les langues régionales sont exclues.
Données de 2008 pour l'Estonie et la Grèce ; données de 2007 pour Malte.

Il n'existe pas de définition et de normes universelles concernant l'alphabétisation. Sans spécification contraire, toutes les données sont basées sur la définition la plus courante : la capacité à lire et à écrire à un âge donné.
Le ratio élèves/enseignant ne doit pas être confondu avec la taille moyenne des classes, car celle-ci ne prend pas en considération les cas spécifiques, tels que les petits groupes réservés aux élèves à besoins spécifiques ou les domaines d'enseignement spécialisé ou minoritaire, ni la différence entre le nombre d'heures d'enseignement effectuées par les professeurs et le nombre d'heures d'instruction déterminé pour les élèves, par exemple dans le cas d'enseignants travaillant en équipe.
Remarque concernant l'Espagne : le catalan est la langue officielle en Catalogne, dans les îles Baléares et dans la communauté valencienne ; dans le nord-ouest de la Catalogne (val d'Aran), l'aranais est une langue officielle, au même titre que le catalan ; le galicien est une langue officielle en Galice ; le basque est une langue officielle de la communauté autonome du Pays basque.
Enquête réalisée entre 2008 et 2012 par Julia Sturm pour le projet « Culture and Cliché ».
Remarque : dans les pays comportant plus d'une langue officielle, la langue la plus parlée est considérée ici.

Données extraites des organismes US Census Bureau, Nielsen Online, International Telecommunication Union et Gesellschaft für Konsum-, Markt- und Absatzforschung (GfK).

Remarque : le classement pour Chypre est basé sur les conditions dans la partie grecque de l'île.
Enquête réalisée entre 2008 et 2012 par Julia Sturm pour le projet « Culture and Cliché ».
Données extraites de la brochure *Letter prices in Europe 2011*.
Les données incluent les sites culturels et mixtes (culturels et naturels).

SOURCES DES DONNÉES

CRÉDITS PHOTOGRAPHIQUES

Remarque : prix Nobel associé à la Lituanie décerné en 1980 à Czesław Miłosz, né à Szetejnie, dans l'Empire russe (aujourd'hui en Lituanie).

Enquête réalisée entre 2008 et 2012 par Julia Sturm pour le projet « Culture and Cliché ».

Données de 2008 et pourcentage total des étudiants dans l'enseignement supérieur (et non uniquement des étudiants diplômés) pour la Grèce et le Luxembourg.

Enquête réalisée entre 2008 et 2012 par Julia Sturm pour le projet « Culture and Cliché ».